Bibliografische Information der Deutschen Nationalbibliothek:

Die Deutsche Bibliothek verzeichnet diese Publikation in der Deutschen National-
bibliografie; detaillierte bibliografische Daten sind im Internet über http://dnb.d-
nb.de/ abrufbar.

Impressum:

Copyright © 2010 GRIN Verlag, Open Publishing GmbH
Druck und Bindung: Books on Demand GmbH, Norderstedt Germany
ISBN: 9783640555376

Dieses Buch bei GRIN:

http://www.grin.com/de/e-book/144429/das-atlasgebirge

Elisabeth Junge

Das Atlasgebirge

Gliederung und geologischer Bau

GRIN Verlag

Das Atlasgebirge - Gliederung und geologischer Bau

Ludwig-Maximilians Universität
Department für Geo- und Umweltwissenschaften
Hauptseminar: Hochgebirge der Erde
WS 2009/10

vorgelegt von: Elisabeth Junge
Studiengang: Lehramt vertieft Deutsch / Geographie
Fachsemester: 7
vorgelegt am: 08.01.2010

Gliederung

Abbildungsverzeichnis

Bilderverzeichnis

1 Einleitung

Erinnert man sich an die Antike zurück, so ist es der Titan Atlas, der das Himmelsgewölbe auf seinen Schultern trägt. Die „alte Welt" grenzte im fernsten Westen an ein unendliches Meer, das schliesslich nach dem Titanen benannt wurde: der Atlantische Ozean (STETS 1981, S. 804).

„Afrika gehört zwei großen tektonischen Erdregionen an. Das Atlasgebirge ist ein Glied des Gürtels der in der Tertiärzeit[1] gefalteten Hochgebirge, die Südeuropa und Asien durchziehen. Das übrige Afrika, das wir als die afrikanische Platte[2] bezeichnen können, bildet zusammen mit dem außerandinen Südamerika, Arabien, Vorderindien und Australien ein einst zusammenhängendes Gebiet gleichartigen Baus, das keine jüngere Faltung mehr erlitten hat, und von E. Suess als Gondwanaland bezeichnet worden ist" (JAEGER 1954, S. 53).

Das vorangehende Zitat von Fritz Jaeger zeigt, dass Afrika, im Gegensatz zu Gegenden wie Südamerika oder Europa, ein Kontinent ist, der nicht mit verschiedenen Hochgebirgen glänzen kann, deren Höhen sich im Bereich der Superlative bewegen. Gebirge finden sich auf diesem Kontinent nur als vereinzelte Akzente in der Eintönigkeit der Flächen und treten nicht als konstituierende Elemente des Großreliefs auf, wie in Südamerika oder Eurasien (WIESE 1997, S. 28). Nachdem in Afrika vorwiegend flaches Relief die Landschaft prägt und einstige Gebirge durch Verwitterung und Abtragung eingeebnet worden sind, möchte ich mich im Zuge dieser Arbeit mit dem somit aus der Landschaft herausragenden Atlasgebirge beschäftigen (JAEGER 1954, S. 53).

Neben einer allgemeinen Lagebeschreibung des Gebirges geht die Arbeit genauer auf die Entstehung ein. Nach eingehender Betrachtung der Gliederung des Gebirgssystems, soll der geologische Bau des Atlasgebirges beleuchtet werden. Um den Rahmen der Arbeit nicht zu sprengen und zusammenfassender vorzugehen, beschäftige ich mich an diesem Punkt speziell mit zwei Beispielregionen.

---

1 Zeichnet sich tektonisch durch weltumspannende Gebirgsbildungen aus (LESER 2005, S. 948)
2 Erdkrustenstück von subkontinentaler bis kontinentaler Größe und bedeutender Mächtigkeit (LESER 2005, S. 684).

2 Das Atlasgebirge

Die Atlasketten gelten als Gebiete außerordentlicher Individualität. Dies kommt zum einen durch das Relief zustande, welches sich durch einen schnellen Wechsel von Ketten[3], Becken[4], Durchbruchstälern[5] und Hochschollen auszeichnet. Zum anderen gehört das Atlasgebirge zu den subtropischen Winterregengebieten (WIESE 1997, S. 33). Es erhebt sich als ausgedehntes gebirgiges Hochland zu Meereshöhen von 1000 bis 2000m, im Hohen Atlas sogar bis über 4000m. Das Atlassystem setzt sich aber nicht nur aus Gebirgsketten zusammen. Ebenso sind flache Hochländer und am Rande Tiefländer zwischengeschaltet (STAUB 1947, S.4).

Abbildung 1: Atlasgebirge topographisch und politisch mit Hochland. http://upload.wikimedia.org/wikipedia /commons/4/48/Rif_carta_fisica.jpg

2.1 Lage

Der Atlas wird als Hochgebirge bezeichnet und befindet sich im Nordwesten von Afrika. Dort erstreckt er sich ca. 2300 km lang über die Staaten Marokko, Algerien und Tunesien. Die größten Teile des Atlasgebirges befinden sich in Marokko, wobei sich die Gebirgsketten dort von der Küste am Norden bis in den Süden des Landes erstrecken. Das Gebirge findet seine Fortsetzung im Norden Algeriens und erstreckt sich bis in den Nordwesten von Tunesien. Dort finden sich allerdings nur Ausläufer der algerischen Gebirgsketten, die im Vergleich zu den zentralen Erhebungen relativ geringe Höhen aufweisen (http://www.lexolino.de/c, geographie_gebirge_afrika, atlas-gebirge).

Das Atlasgebirgssystem begrenzt den afrikanischen Kontinent im Norden. Es steht über die Straße von Gibraltar und über Sizilien in Verbindung mit den verschlungenen

---

3 Z.T. synonym für Faltengebirge verwandt; Gebirge, deren Vollformen sich im Streichen ihres Gesamtfaltenbaus anordnen, die aber auch durch Abtragung bereits stark zerstörte Falten aufweisen (LESER 2005, S. 424).

4 Große Hohlform im Georelief, die gegenüber der Umgebung mehr oder weniger abgeschlossen ist und rundliche oder längliche Grundrisse aufweist (LESER 2005, S. 80).

5 Quer zum Streichen der Gesteine bzw. von Vollformen verlaufendes Tal (LESER 2005, S. 169).

Gebirgsketten des Mittelmeeres. Im Westen Afrikas grenzt das Gebirge an den Atlantischen Ozean (STETS 1981, S. 803f.).

Die im Tertiär aufgefalteten Atlasketten bestimmen das Landschaftsbild Nordwestafrikas. Sie treten als markante Reliefgrenze zur Sahara auf und bedingen naturgeographische Faktoren,[6] die auch die Kulturlandschaft beeinflussen (HASLER 1980, S. 20).

Bild 1: Blick auf das Atlasgebirge. http://marokko.11-300mm.de/marokko/marrakesch_skoura

2.2 Entstehung

Der Atlas entstand ähnlich wie die Alpen durch die Kollision zwischen Afrika und Europa und ist somit Teil des alpidischen[7] Orogengürtels[8]. Vor der Gebirgsbildung[9] entstand hier am südlichen Rand des Urmittelmeeres Thetys durch die Öffnung des Atlantik ein von Gräben, Horsten und pull-apart Becken geprägtes Grabensystem. Es wurden z.T. Basalte gefördert und mächtige marine Sedimente in den tiefer gelegenen Bereichen abgelagert. Im Zuge der Gebirgsbildung wurden diese Gesteine gehoben und teilweise wieder abgetragen. Hierbei gaben die älteren Verwerfungen die Struktur des entstehenden Gebirges vor. Die Atlasketten sind somit kein Deckengebirge wie die Alpen oder das Rif, bei denen Gesteinsdecken entlang flach liegender Überschiebungen über große Strecken verschoben wurden. Vielmehr handelt es sich bei diesem Gebirge

---

6 Klima, Vegetation, Böden

7 Bezeichnet die Faltungsära, die gegen Ende der Kreide begann, die sich aber hauptsächlich im Tertiär abspielte, wobei es zur alpidischen Gebirgsbildung mit dem alpidischen Faltengürtel kam (LESER 2005, S. 32).

8 Faltengebirge, die durch Gebirgsbildung in den orogenen Bereichen geschaffen wurden und einen charakteristischen Aufbau zeigen (LESER 2005, S. 642).

9 während des Mesozoikums

um eine Inversion eines intrakontinentalen Grabensystems, weswegen es eher steile Überschiebungen mit vergleichsweise geringer Transportweite gibt. Durch starke Hebung und Erosion ist im Gebiet des Jbel Toubkal das präkambrische Grundgebirge freigelegt worden.

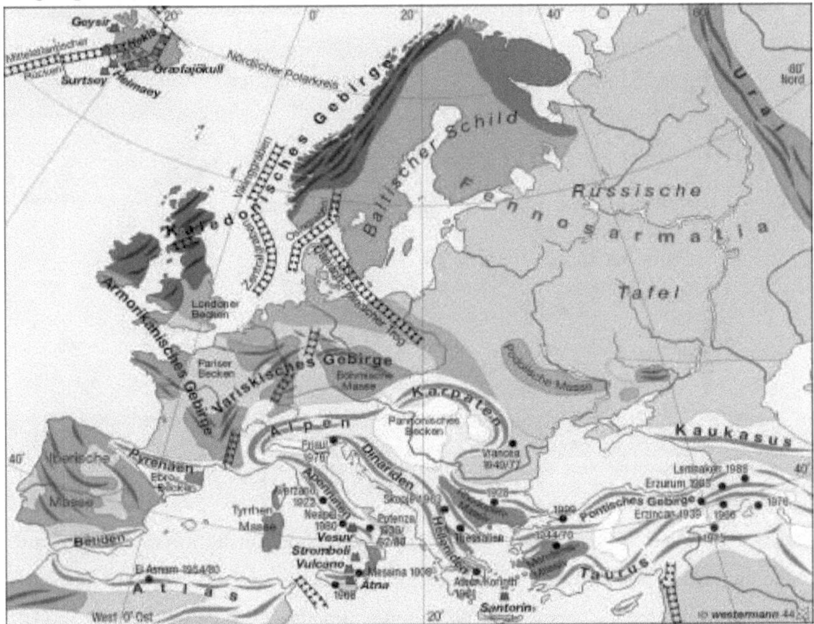

Abbildung 2: Das moderne Orogensystem um das Mittelmeer. http://www.diercke.de/bilder/omeda/501/100755_063 _3.jpg

Gebirge wie z.B. die Alpen erheben sich immer weiter durch Auftrieb einer durch die Kollision stark verdickten kontinentalen Kruste, sobald das Gegengewicht, die vorher subduzierte ozeanische Lithosphäre, abbricht. So eine dicke Kruste fehlt unter dem Atlas und im Vergleich zu anderen Gebirgen kam es nur zu einer geringen Krustenverkürzung. Dagegen dünnt hier die Lithosphäre auf etwa die Hälfte im Vergleich zum südlich anschließenden Kraton aus. Des weiteren liegen auch die angrenzenden Gebiete relativ hoch verglichen mit den normalerweise vor Gebirgen liegenden Molassebecken[10]. Da aber die Kollision mit Europa nicht als Erklärung für diese starke Hebung reicht, kann davon ausgegangen werden, dass sich unter dem Gebirge ein Mantelplume[11] befindet, der das Gebirge nach oben schiebt. Somit erklärt

---

10 Tertiäre Ablagerungsfolge aus einer Wechselfolge von Konglomeraten (Nagelfluh, Sandsteinen und feinkörnigem Flinz) zusammengesetzt (LESER 2005, S. 571).
11 Aufstrom heißen Gesteinsmaterials aus dem tieferen Erdmantel (http://de.wikipedia.org/wiki/Plume_(Geologie)).

sich auch der junge alkaline Magmatismus, der es trotz des Kompressionsregimes immer wieder an die Oberfläche geschafft hat (http://www.riannek.de/spip.php?article159).

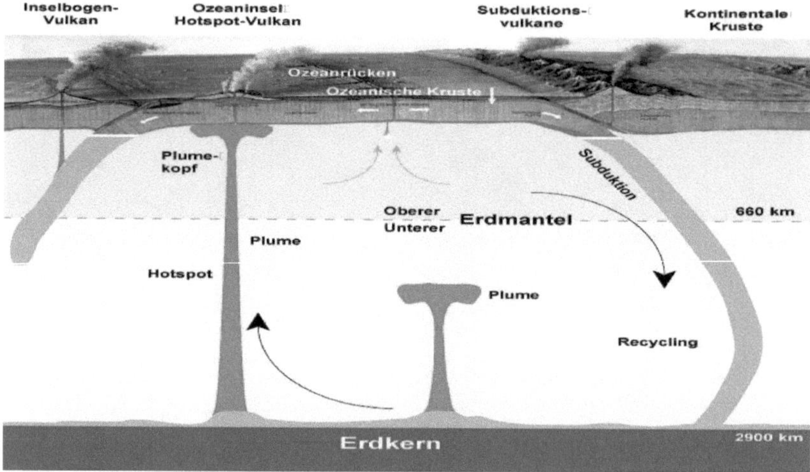

Abbildung 3: Schnitt durch die ozeanische Kruste und den oberen Erdmantel. http://www.mpg.de/bilderBerichte Dokumente/dokumentation/pressemitteilungen/1999/pri18c_99.JPG

Die aktuelle Plattentektonik, bei welcher v.a. das Vorrücken der afrikanischen Platte gegen die eurasiatische Platte von Bedeutung ist, bedingt eine anhaltende Orogenese[12] und ist für zahlreiche Erdbeben in Afrikas Norden verantwortlich (WIESE 1997, S. 33).

3 Gliederung

Nach STAUB (1947, S. 4f.) wird das Atlasgebirge in sechs verschiedene Teile gegliedert. Zu nennen sind hier das Rif, der Tell-Atlas, der Mittlere Atlas, der Hohe Atlas, der Anti-Atlas und der Sahara-Atlas. Auch Autoren wie WEISCHET (2000, S. 199) und HASLER (1980, S. 17) verfolgen diese Gliederung. ANDRES allerdings rechnet den Anti-Atlas nur dem Namen nach dem nordafrikanischen Atlas-Gebirgssystem zu. Geologisch sei er ein Teil des afrikanischen Kontinents, der im Norden durch die Präafrikanische Senke[13] von den jüngeren Gebirgskörpern getrennt wird (ANDRES 1977, S. 10f.). Genauso zählt STETS (1981, S. 806) den Anti-Atlas

---

12 Geotektonische Prozesse, die eine Änderung im Gefüge der Erdkruste bewirken, eine Gebirgsbildung repräsentieren und zu Faltengebirgen führen. In der Erdgeschichte gab es mehrere, jeweils sehr langzeitige orogene Ären: laurentische, algonkische, assyntische und alpidische Gebirgsbildung (LESER 2005, S. 643).

13 Tektonisch bedingte größere oder kleinere Geländevertiefung bzw. Hohlform über Untergrund mit löslichem oder ausspülungsfähigem Gestein (LESER 2005, S. 837).

dem afrikanischen Kraton[14] zu und behandelt diesen nicht im selben Atemzug mit Tell-, Rif-, Sahara-, Hohen und Mittleren Atlas. Laut JAEGER (1954, S. 68) gehört der Anti-Atlas tektonisch nicht mehr zum alpin gefalteten Gebiet, sondern ist ein Horstgebirge wie z.B. der Thüringer Wald.

Laut dem Online-Artikel von NEUKIRCHEN gehört auch der Rif-Atlas geologisch nicht mehr zum Atlasgebirge, sondern bildet zusammen mit der Betischen Kordillere Südspaniens ein asymmetrisches Deckengebirge (http://www.riannek.de/spip.php?article159). Bei der genaueren Erläuterung der einzelnen Gebirgszüge des Atlas wird der Anti-Atlas nicht Teil der Betrachtungen sein, da dies den Rahmen sprengen würde. Den Rif-Atlas hingegen werde ich in die Betrachtungen mit einbeziehen, da er in den übrigen Artikeln und Monographien stets als Teil des Atlas gesehen wird und die Aussage von NEUKIRCHEN isoliert steht.

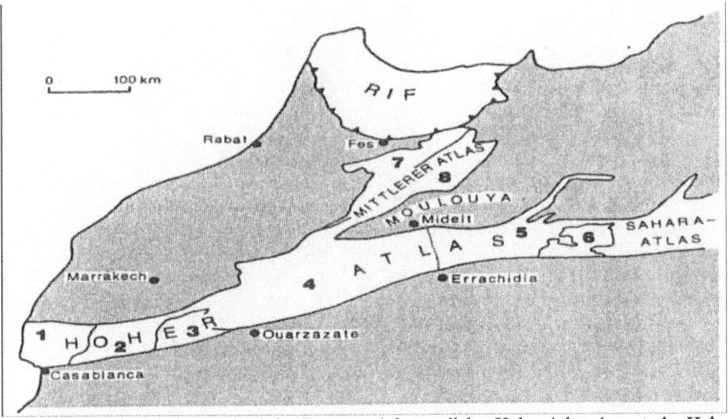

Abbildung 4: Die Gliederung der Atlas-Domäne. 1-3: westlicher Hoher Atlas. 4: zentraler Hoher Atlas. 5-6: östlicher Hoher Atlas. 7-8: Mittlerer Atlas. 7 = Mittelatlas-Plateau, 8 = gefalteter Mittlerer Atlas. HERBIG 1991, S. 11.

3.1 Rif- Atlas

Der Rif-Atlas folgt im Westen Marokkos der Mittelmeerküste. Er ist bis zu 2450m hoch und zieht sich im Bogen von der Straße von Gibraltar nach dem Kap Tres Forcas. Dieser Gebirgszug besteht zum größten Teil aus Flyschschiefern[15] und -sandsteinen sowie aus Kalkmassiven (JAEGER 1954, S. 67). Dieser Zug des Atlas stellt sich als recht selbstständiger Teil dar, da sich seine Ketten nicht in den algerischen Tell-Atlas erstrecken, sondern in der Halbinsel von Melilla ins Mittelmeer auslaufen (STAUB 1947, S. 4). Die nördlichen Äste des Rif-Atlas sind gekennzeichnet von

---

14 Verfestigte und nicht mehr faltbare Bereiche der Erdkruste, die bei tektonischen Prozessen infolge Druckes mit Bruchtektonik reagieren. Sehr alte K. sind Schilde / Urkratone (LESER 2005, S. 455).
15 Folge von z.T. kalkigen, aber v.a. tonigen, mergeligen und sandigen Sedimenten, z.T. als Mergel und Tonschiefer und/oder als Sandsteine ausgebildet (LESER 2005, S. 245).

Geosynklinaltrögen[16], komplizierter Schuppentektonik[17] und weitreichenden

Decken[18]. Im Gegensatz zum Mittleren und Hohen Atlas zählt er somit zu den

Deckengebirgen. Gegliedert wird der Rif-Atlas in eine Internzone mit subkrustalen[19]

Anteilen, kristallinem Basement, palöozoischem[20] Stockwerk, mächtigen

mesozoischen[21] Serien[22] und allochthonen[23] exotischen Flyschkomplexen. Weiterhin ist

eine Externzone mit autochthonen[24] überwiegend kretazischen[25] Flyschtrögen

vorhanden sowie eine Vorrif-Zone, in der Molassebildung stattfindet (STETS 1981, S.

811f.). Die Internzonen werden der ALKAPECA-Mikroplatte zugeordnet, während die

Externzonen bereits zur afrikanischen Platte gehören (HERBIG 1991, S. 10).

Bild 2: Blick von den Bergpisten in das Rif-Gebirge. http://static.rp-online.de/layout/showbilder/46761-marocco %202005%20088.jpg

3.2 Mittlerer Atlas

Der Mittlere Atlas streicht auf einer Länge von 320 km in Süd-West – Nord-Ost –

Richtung und zweigt nordöstlich von Beni-Mellal vom Hohen Atlas ab. Gegen

Nordosten verbreitert er sich und vor Erreichen des Rif-Atlas biegt er bei Taza nach

Osten bis Ostnordost um und mündet in die „Chaines des horsts" ein (HERBIG 1991, S.

---

16 Senkungsbereiche der Erdkruste; Wirken sich auch auf benachbarte Bereiche aus, wo durch seitliche Drücke Faltungen erfolgen (LESER 2005, S. 291).
17 Tektonisch stark gefaltete Gebiete mit mehrfacher Wiederholung der gleichen Schichtenfolge (LESER 2005, S. 818).
18 Überlagerung eines Bodens oder Gesteins mit anderen Materialien des oberflächennahen Untergrundes oder des tieferen Untergrundes (LESER 2005, S. 145).
19 Vorgänge, die sich unterhalb der Erdkruste abspielen (LESER 2005, S. 918).
20 Erdaltertum: Altzeit in der Entwicklung des Lebens auf der Erde, von 600 bis 230 Mio. Jahre v.h. Im P. erfolgten die kaledonische und variscische Gebirgsbildung (LESER 2005, S. 651).
21 Erdmittelalter in der Entwicklung der Lebewesen: von 230 bis ca. 70 Mio. Jahre v.h. (LESER 2005, S. 552).
22 Untereinheit eines geologischen Systems, z.B. Pliozän als Serie des Tertiärs (LESER 2005, S. 838).
23 Orts- oder bodenfremd, also an einem anderen Ort entstanden oder geboren (LESER 2005, S. 32).
24 Bodenständig, einheimisch, d.h. am Ort des Vorkommens entstanden (LESER 2005, S. 68).
25 Zum System der Kreidezeit gehörend (LESER 2005, S. 456).

12; STETS 1981, S. 811; RHRIB 1997, S. 20). Zu den höchsten Erhebungen im Mittleren Atlas zählen der Jbel Bou Naceur mit 3290 m und der Jbel Bou Iblane mit 3190 m. Während der Gebirgszug im nördlichen Abschnitt über 100 km breit ist, weist er an seinem SW-Ende nur noch 32 km Breite auf, bevor er in den zentralen Hohen Atlas übergeht. Der Mittlere Atlas wird durch das Lineament des Accident Nord Moyen-Atlasique in das nordwestlich gelegene Plateau des Mittleren Atlas und in den südlich gelegenen, gefalteten Mittleren Atlas unterteilt (RHRIB 1997, S. 19ff.).

Der Mittlere Atlas bildet zusammen mit dem Hohen Atlas die höchste und geschlossenste Gebirgsmauer der Atlasländer und gilt somit als scharfe Klimascheide zwischen dem feuchten, ozeanisch beeinflussten Westmarokko und den Trockengebieten der Schotthochlands und der Sahara. Von der Struktur her ist der Mittlere Atlas nur mäßig gefaltet, aber hoch emporgehoben und von tiefen Tälern zerklüftet. Die Nord-West Seite des Gebirges ist reichlichen Niederschlägen ausgesetzt, bewaldet und zeichnet sich in der Höhe durch monatelang tiefen Schnee aus. Die höchsten Teile zeigen Spuren eiszeitlicher Vergletscherung, sind heute aber unvergletschert und im Sommer schneefrei (JAEGER 1954, S. 67 f.; STAUB 1947, S. 5).

Bild 3: Jbel Bou Iblane. http://2.bp.blogspot.com/_fW2vZnjyYNI/SFfyx-ZhzeI/AAAAAAAAADM/cVTCtu1 ADbw/s320/tafer%2Bfebrero%2B07%2B031.jpg

3.3 Hoher Atlas

Der Hohe Atlas befindet sich im Zentrum Marokkos und erhebt sich am Jbel Toubkal auf 4165 m und am Jbel M′Goun auf 4071 m. Er zählt zu den intrakontinentalen

Gebirgen und umschließt mit dem Mittleren Atlas zwei Tafelländer[26], die Marokkanische Meseta im Westen und die Oran-Meseta im Osten. Der Hohe Atlas erstreckt sich über eine Länge von mehr als 800 km von der Atlantik-Küste nördlich von Agadir bis zum Grundgebirgsaufbruch bei Tamlelt nahe der algerischen Grenze. Er weist eine maximale Breite von 100 km auf und trennt die Marokkanischen Mesetas vom Anti-Atlas und der Sahara-Tafel im Süden. Nach strukturellen und morphologischen Gesichtspunkten lässt sich der Hohe Atlas in vier Bereiche teilen: der westliche Hohe Atlas, das „massif ancien", der zentrale Hohe Atlas und der östliche Hohe Atlas (RHRIB 1997, S. 19f.).

Bild 4: Blick auf den Jbel Toubkal. http://lh6.ggpht.com/_653Mf5rqrD0/SqutzHg6RNI/AAAAAAAABPQ/TU6vkv_0n-0/DSCN9402.JPG

3.3.1 Westlicher Hoher Atlas

Der westliche Hohe Atlas erstreckt sich von der Atlantik-Küste bis zum Pass Tizi n´Test und weist auf seinem variszisch[27] geprägten Sockel größtenteils jurassische und kretazische Sedimente auf. Diese sind verfaltet und zum Teil durch Salze der Trias diapirisch[28] deformiert (RHRIB 1997, S. 20).

Im höchsten Teil des westlichen Hohen Atlas ist der präkambrische Sockel ähnlich wie in einem der Gewölbe des Anti-Atlas herausgehoben (STETS 1981, S. 806).

---

26 Mehr oder weniger horizontale, ausgedehnte Flachform ohne oder mit nur wenigen Mikroformen, allenfalls durch Rauheit gegliedert (LESER 2005, S. 930).
27 Gebirgsbildungsprozess der variscischen Ära vom unteren Devon bis zum Rotliegenden, der sich v.a. in Mitteleuropa während des oberen Karbon abspielte (LESER 2005, S. 1012).
28 Typ einer Falte, wobei plastische Gesteine durch Druck in hangende Schichten gepresst werden und diese aufwölben oder durchbrechen (LESER 2005, S. 154).

3.3.2 „Massif ancien"

Das „Massif" liegt südlich von Marrakech und lässt sich in zwei Blöcke gliedern. Der „bloc occidental" baut sich aus paläozoischen Schichten auf, während der „block oriental" aus weiträumig aufgeschlossenen präkambrischen Serien zusammengesetzt ist. Es wurde von der variszischen Orogenese überprägt, so wie die Mesetas und stellt heute den morphologisch höchsten Teil des Gebirges dar (RHRIB 1997, S. 20).

3.3.3 Zentraler Hoher Atlas

Der Zentrale Hohe Atlas erstreckt sich vom Tichka-Massiv bis an das Tal des Oued Ziz. Er ist durch mächtige verfaltete Kalk- und Mergelfolgen des unteren und mittleren Jura gekennzeichnet. Kretazische und tertiäre Sedimente sind innerhalb des Gebirges zwar nicht vorhanden, aber in einigen größeren Muldenstrukturen nahe des Nordrandes des zentralen Hohen Atlas finden sich marine Sedimente des Apt[29] bis Turon[30] ebenso wie Sedimente des Senon[31] (RHRIB 1997, S. 22).

3.3.4 Östlicher Hoher Atlas

Der östliche Hohe Atlas wird durch weitspannige, flache Muldenstrukturen und durch enge, steile, oft durch Störungen[32] komplizierte Sättel[33] charakterisiert. An den regional als nördliche und südliche Subatlaszone bezeichneten Gebirgsrändern sind Auf- und Überschiebungen und enge Verfaltungen verbreitet. Er besteht aus marinen, faziell stark differenzierten, sehr mächtigen unter- und mitteljurassischen Karbonatsedimenten (HERBIG 1991, S. 11).

3.4 Tell-Atlas

Der im Durchschnitt 1000-1500 m hohe und nur im Djurdjura 2300 m NN erreichende Tell-Atlas verläuft in Algerien nah an der Küste. Zwischen die Gebirgsketten und an ihrem Rand sind intramontane Becken eingelagert (WEISCHET 2000, S. 200). Dieser Teil des Atlas Gebirges gilt als Mittelgebirge, ist bewaldet und anbaufähig und besteht aus mehreren, durch Längstäler getrennten Ketten. Die Kalkkette des schon weiter oben genannten Djurdjura-Zuges kann allerdings als Hochgebirge bezeichnet werden (JAEGER 1954, S. 68). Tell- und Sahara-Atlas, die das auf ca. 1000m NN gelegene

---

29 Stufe der unteren Kreide (LESER 2005, S. 47).
30 Stufe der oberen Kreide, vor dem Senon, von etwa 96 bis 88 Mio. Jahre v.h. (LESER 2005, S. 958).
31 Unterabteilung der oberen Kreide; z.B. zur Ablagerung der Schreibkreide (LESER 2005, S. 837).
32 Veränderung der normalen Lagerung, eine Dislokation von Gesteinsschichten (LESER 2005, S. 902).
33 Einmuldung/Einsattelung zwischen 2 höheren Vollformen im Sinne des Passes (LESER 2005, S. 792).

Steppenhochland begrenzen, verflachen sich in Tunesien zu den Hügelketten der Dorsale (HASLER 1980, S. 21).

3.5 Sahara-Atlas

Der Sahara-Atlas schliesst zusammen mit dem Anti-Atlas das Kettensystem des Atlas gegen die Tafel- und Beckenlandschaften der südlich anschliessenden Sahara ab und befindet sich im Norden Algeriens, wobei er aber südlich vom Tell-Atlas liegt (HASLER 1980, S. 21; http://www.lexolino.de/c,geographie_gebirge_afrika,atlas-gebirge). Er setzt sich aus einzelnen und bis maximal 2000 m hohen Gebirgszügen, Schichtrippen[34]- und Schichtstufenlandschaften zusammen. Im Südosten begrenzt er den algerischen Maghreb (WEISCHET 2000, S. 200).

Dieser Gebirgszug ist keineswegs so eine geschlossene Kette wie die des marokkanischen Atlas. Er besteht aus aneinandergereihten Massiven, die von Längs- und Quertälern getrennt werden. Das Aurèsgebirge des Sahara-Atlas erreicht eine Höhe von 2300 m NN. Seine Ketten erheben sich meist nur mäßig über das Hochland der Schotts und sind locker gestellt. Aus diesem Grund erscheint der Sahara-Atlas wiederum durchgängiger als der Tell-Atlas (STAUB 1947, S. 5f.).

Bild 5: Sahara-Atlas. http://media.photobucket.com/image/saharaatlas/fchmksfkcb/081224b%20IM%20SAHARA-ATLAS/DSC01195.jpg

4 Geologischer Bau

Im Gegensatz zu Europa, das während der gesamten Erdgeschichte immer wieder durch Gebirgsbildungen oder vorstoßende Meere verändert wurde, hat sich in Afrika seit der präkambrischen Orogenese nicht viel getan. Als Ausnahme hierfür gilt neben dem

---

34 Ein meist lang gestreckter Bergrücken mit markantem Kamm, der in einer Wechselfolge von widerständigen und weniger widerständigen Schichten vorkommt, die stark geneigt sind. Grundriss der Stirnseite von S. ist gestreckt (LESER 2005, S. 803).

Ostafrikanischen Graben das relativ junge Atlasgebirge (http://www.riannek.de/spip.php?article159).

Die Domäne der Atlasketten besitzt einen präkambrisch-paläozoischen Sockel, der diskordant[35] von einem im Hohen und Mittleren Atlas sehr mächtigen Deckengebirge verhüllt wird. Grundgebirgsaufbrüche sind selten. Während Hoher und Mittlerer Atlas im jüngeren Tertiär eine kräftige, von Faltungen begleitete Heraushebung erfuhren, ist das Deckengebirge auf den Hochplateaus geringmächtig und lückenhaft entwickelt (HERBIG 1991, S. 8).

Betrachtet man die verschiedenen Gebirgszüge des Atlasgebietes genauer, so fällt auf, dass Unterschiede hinsichtlich des Baustils und Reliefs bestehen. Infolgedessen kann nur der Rif-Atlas im Norden als Orogen[36] aufgefasst werden, wobei dem Mittleren und Hohen Atlas Inversionsstrukturen im Bereich ehemaliger intrakratonischer Becken zugrunde liegen (RHRIB 1997, S. 22). Des weiteren weist das Gebirge einen übersichtlichen und einfachen Bau auf. Es besteht aus zwei Stockwerken, wobei das eine der präkambrisch-paläozoische Sockel ist und das andere durch das mesozoische Deckgebirge repräsentiert wird. Im Inneren ist es in langgestreckte Krustenspäne und -blöcke gegliedert, die von steilstehenden Verwerfungen gegeneinander abgegrenzt werden (STETS 1981, S. 803).

4.1 Bau des Hohen Atlas

Im höchsten Teil des westlichen Hohen Atlas ist der präkambrische Sockel ähnlich wie in einem der Gewölbe des Anti-Atlas herausgehoben. Mächtige, eintönig klastische geosynklinale Serien mit eingelagerten vulkanogenen Gesteinen des Paläozoikums sind ihm im Nordwesten vorgelagert. Die tektonische Beanspruchung dieser Serien ist im Allgemeinen eher gering und nur lokal werden höhere Metamorphosegrade erreicht. Südöstlich des Jbel Toubkal zeigen sich jungpräkambrische bis paläozoische Ablagerungen. Betrachtet man den tektonischen Baustil des Hohen Atlas nur flüchtig, erscheint dieser als weitspanniges Bruchfaltengebirge. Bei genauerem Hinsehen allerdings zeigt sich, dass er weniger ein Faltengebirge im strengen, alpinotypen Sinn, sondern ein Schollengebirge ist. Die Schollengliederung kommt dort klar zur Geltung, wo die Grenzfläche zwischen dem variscischen Sockel und dem mesozoischen

---

35 Ungleichförmige Lagerung; lokale oder regionale Auslassung von Sedimentation (LESER 2005, S. 159).
36 Bewegliche, nicht konsolidierte, also noch faltbare Stücke der Erdkruste, die für Geosynklinalen und Faltengebirge charakteristisch sind, denen man die verfestigten Kratone gegenüberstellt (LESER 2005, S. 642).

Deckschichten im Abtragungsniveau liegt. V.a. im westlichen Hohen Atlas zeichnen in den Randbezirken pultförmige Schichtplatten der roten Trias den Kippschollenbau des Sockels nach und bestimmen das treppenförmig zu höchsten Höhen aufsteigende Gebirge. Auf Randschollen im Norden und im Süden blieben auch Jura- und Kreideschichten erhalten. Dieser Schollenbau des Hohen Atlas ist auch im tieferen Stockwerk, im paläozischen und präkambrischen Sockel, nachzuweisen. So lassen sich im zentralen Teil des westlichen Hohen Atlas Krustenspäne erkennen, die entlang scharfer Bruchzonen unterschiedlich hoch gehoben und gegeneinander verkippt worden sind (STETS 1981, S. 803ff.).

Das jüngere Deckengebirge des Hohen Atlas wurde teilweise auf salinarem Untergrund abgeschert oder reagierte passiv auf die Bruchtektonik des Sockels. Gegen den Atlantik schließen sich jüngere mesozoische Schichten an, die schlussendlich in Staffelbrüchen[37] zum Ozean absinken (DRESEN 1985, S. 95f.).

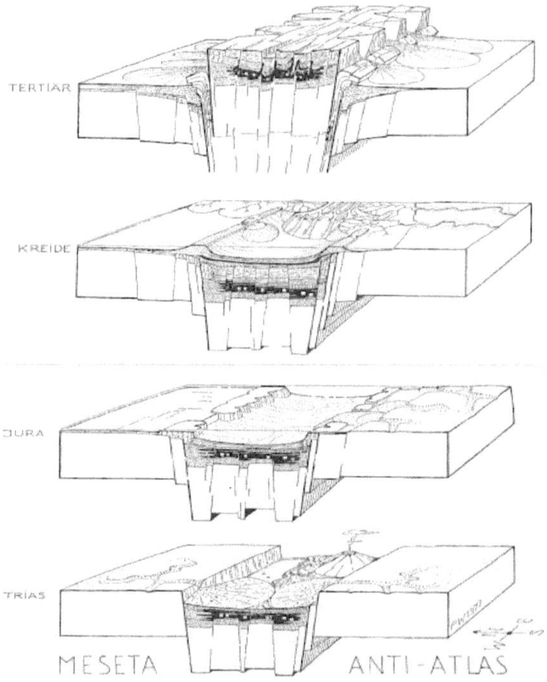

Abbildung 5: Blockbilder zur geologischen Entwicklung des Hohen Atlas aus einer Riftstruktur. STETS 1981, S. 832f.

---

37 Parallele Brüche, z.B. an Rändern von Gräben, führen meist zu einer Abfolge von Schollen mit unterschiedlichen Absenkungs- bzw. Heraushebungsbeträgen (LESER 2005, S. 883).

4.2 Bau des Mittleren Atlas

Der Mittlere Atlas wird in seiner Längsstreckung vom „Accident Nord Moyen-Atlasique" durchzogen und in zwei unterschiedliche gebaute Gebirgsabschnitte gegliedert. Das auch heute aktive und zum Südwest streichenden Transalboran-Störungssystem gehörende ANMA setzt sich durch Marokko von Melilla nach Agadir fort. Ein ausgeprägter känozoischer[38] Faltenbau hat sich südöstlich von dieser Störung im „Moyen-Atlas Plissé" entwickelt. Nordwestlich der Störung, in der „Causse Moyen-Atlasique" / „Moyen-Atlas Tabulaire", findet sich eine schwächere Ausbildung der Deformation. Der Großteil des sedimentären Deckgebirges besteht aus marinen Karbonatgesteinen des unteren und mittleren Jura. Dies betrifft ihre Verbreitung ebenso wie die Mächtigkeiten. Kretazische und tertiäre Sedimente sind auf ovalförmige Muldenstrukturen begrenzt und befinden sich im Wechsel zwischen mariner und kontinentaler Fazies[39]. Basische Vulkanite unterschiedlichen Alters finden sich im Deckgebirge (RHRIB 1997, S. 20f.).

Die unterschiedlich gebauten Gebirgsabschnitte, in die der Mittlere Atlas durch den „Accident Nord Moyen-Atlasique" unterteilt wird, werden als nordwestlich gelegenes Plateau des Mittleren Atlas und als südlich gelegener, gefalteter Mittlerer Atlas bezeichnet. Das 1400-2000 m hohe Mittelatlas-Plateau setzt sich überwiegend aus horizontal lagernden jurassischen Karbonatsedimenten zusammen. Im gefalteten Mittleren Atlas befinden sich die höchsten Erhebungen. Dieser Teil des Gebirges besteht aus vier engen Sätteln, die an ihren Nordwest-Flanken von großen Störungen mit lokalem Überschiebungscharakter begleitet werden. (RHRIB 1997, S. 22; HERBIG 1991, S. 12). Quartäre Alkali-Basalte bedecken quer zum Generalstreichen der Gebirgskette weite Bereiche im zentralen Teil des Mittelatlas-Plateaus und des gefalteten Mittleren Atlas. Des weiteren zeigt der Mittlere Atlas eine dem zentralen und östlichen Hohen Atlas eng vergleichbare mesozoisch-känozoische Entwicklung (HERBIG 1991, S. 12).

---

38 Auch Neozoikum; die ca. letzten 70 Mio. Jahre der Erdgeschichte; beginnt nach dem Aussterben der Saurier, der Ammoniten und Belemniten; explosive und vielfältige Säugerentwicklung (LESER 2005, S. 607).

39 Gesamtheit aller Merkmale eines Sedimentes, die von den geoökologischen Randbedingungen und den geomorphologischen Prozessen bestimmt sind (LESER 2005, S. 219).

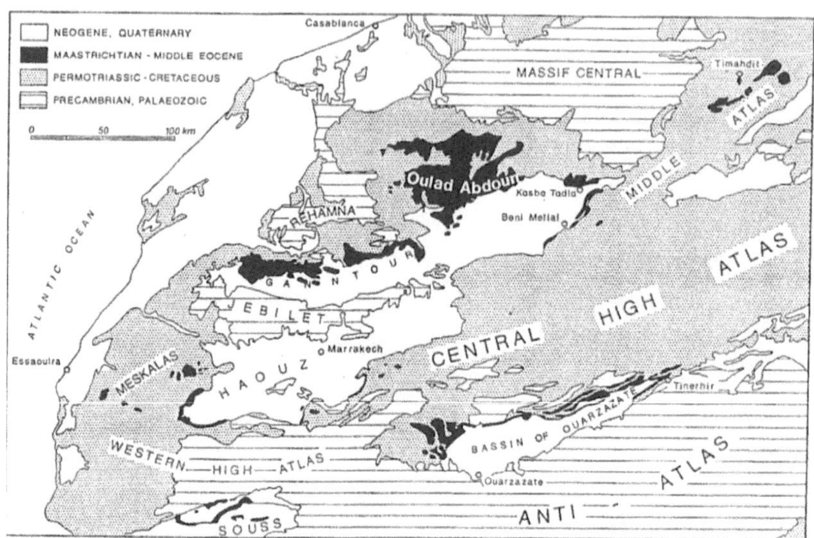

Abbildung 6: Vereinfachte geologische Karte Mittelmarokkos mit der Verbreitung des marinen Maastrichts –
Mitteleozäns (schwarz). HERBIG 1991, S. 17.

5 Schluss

Durch die vorliegende Arbeit wird deutlich, wie vielfältig, unterschiedlich und komplex das Erscheinungsbild und die Strukturen des Atlasgebirges sind. Auffällig war, dass sich der Großteil der Literatur, der sich mit diesem Gebiet beschäftigt, spezieller mit den Strukturen des Hohen und Mittleren Atlas beschäftigt und die restlichen Gebirgsteile mehr oder weniger beiseite lässt.

Im Allgemeinen ist das Atlassystem aber nicht nur wegen seiner Landschaft und seines geologischen Baus ein interessanter Untersuchungsgegenstand. Hinzu kommt, dass es in Afrika aufgrund seiner Entstehungsgeschichte und seiner geographischen Gegebenheiten herausragt und einzigartig neben den restlichen Erhebungen, die meist vulkanischen Ursprungs sind, hervorsticht.

Die Lagebestimmung zeigt deutlich, dass das Atlassystem Teil des alpidischen Orogengürtels und ähnlich gebaut ist wie z.B. die Alpen. Obwohl bei der Gliederung unter einzelnen Autoren durchaus Uneinigkeit herrscht, gibt es relativ klare und verständliche Forschungsergebnisse zur Entstehung des Atlasgebirges.

Der geologische Bau des Atlas ist sehr komplex und interessant und musste vom zu behandelnden Umfang deutlich eingeschränkt werden, da dieser Punkt allein sonst den Rahmen der Arbeit hätte sprengen können.

Literaturverzeichnis

ANDRES, W. 1977: Studien zur jungquartären Reliefentwicklung des südwestlichen Anti-Atlas und seines saharischen Vorlandes / Marokko (Heft 9). Geographisches Institut der Johannes Gutenberg Universität, Mainz.

DRESEN, G. 1985: Bruchtektonik und Schollenbau im Hohen Atlas südlich von Marrakech (Marokko). In: Geologische Rundschau Band 74 / Heft 1, S. 95-108, Stuttgart.

HASLER, M. 1980: Der Einfluss des Atlasgebirges auf das Klima Nordwestafrikas. Geographisches Institut der Universität Bern / Geographica Bernensia (G11), Bern.

HERBIG, H.-G. 1991: Das Paläogen am Südrand des zentralen Hohen Atlas und im Mittleren Atlas Marokkos. Stratigraphie, Paläogeographie und Paläotektonik. Selbstverlag Fachbereich Geowissenschaften / FU Berlin, Berlin.

JAEGER, F. 1954: Afrika. Ein geographischer Überblick: Der Lebensraum (Band I). Walter de Gruyter & Co., Berlin.

LESER, H. 2005: Diercke: Wörterbuch Allgemeine Geographie. Deutscher Taschenbuch Verlag GmbH & Co. KG, München.

MURRAY, J. 1981: Weltatlas der Alten Kulturen: Afrika. Christian Verlag GmbH, München.

RHRIB, J. 1997: Die Störungszonen des Mittleren Atlas (Zentralmarokko) – Strukturelle Entwicklung in einem intrakontinentalen Gebirge. Selbstverlag Fachbereich Geowissenschaften / FU Berlin, Berlin.

STAUB, W. und FALKNER, F.R. 1947: Nordafrika: Die Atlasländer Marokko, Algerien, Tunesien und Ägypten. Geographischer Verlag Bern, Bern.

STETS, J. und WURSTER, P. 1981: Zur Strukturgeschichte des Hohen Atlas in Marokko. In: Geologische Rundschau Band 70 / Heft 3, S. 801-841, Stuttgart.

WEISCHET, W. und ENDLICHER, W. 2000: Regionale Klimatologie 2. Die Alte Welt: Europa, Afrika, Asien. B.G. Teubner Stuttgart, Leipzig.

WIESE, B. 1997: Afrika: Ressourcen, Wirtschaft, Entwicklung. B.G. Teubner, Stuttgart.

Internetquellen

Diercke: Tektonik.
http://www.diercke.de/bilder/omeda/501/100755_063_3.jpg (Stand: 06.01.2010)

Lexolino Enzyklopädie:
http://www.lexolino.de/c,geographie_gebirge_afrika,atlas-gebirge (Stand: 29.12.2009)

Max-Planck-Gesellschaft:
http://www.mpg.de/bilderBerichteDokumente/dokumentation/pressemitteilungen/1999/pri18c_99.JPG (Stand: 06.01.2010)

Neureichen, F. 2007: Geologie des Atlas.
http://www.riannek.de/spip.php?article159 (Stand: 01.01.2010)

Photobucket:
http://s181.photobucket.com/albums/x68/fchmksfkcb/081224b%20IM%20SAHARA-ATLAS/?action=view¤t=DSC01195.jpg (Stand: 06.01.2010)

Picasa Webalben:
http://lh6.ggpht.com/_653Mf5rqrD0/SQutzHg6RNI/AAAAAAAABPQ/TU6vkv_0n-0/DSCN9402.JPG (Stand: 06.01.2010)

Reisebericht Marokko 2008:
http://marokko.11-300mm.de/marokko/marrakesch_skoura (Stand: 05.01.2010)

RP-Online:
http://static.rp-online.de/layout/showbilder/46761-marocco%202005%20088.jpg
(Stand: 06.01.2010)

Viajar por marruecos Blog:
http://2.bp.blogspot.com/_fW2vZnjyYNI/SFfyx-ZhzeI/AAAAAAAAADM/cVTCtu1ADbw/s320/tafer%2Bfebrero%2B07%2B031.jpg
(Stand: 06.01.2010)

Wikimedia Commons:
http://upload.wikimedia.org/wikipedia/commons/4/48/Rif_carta_fisica.jp
(Stand: 28.12.2009)

Wikipedia:
http://de.wikipedia.org/wiki/Plume_(Geologie) (Stand: 05.01.2010)

BEI GRIN MACHT SICH IHR WISSEN BEZAHLT

- Wir veröffentlichen Ihre Hausarbeit, Bachelor- und Masterarbeit

- Ihr eigenes eBook und Buch - weltweit in allen wichtigen Shops

- Verdienen Sie an jedem Verkauf

Jetzt bei www.GRIN.com hochladen und kostenlos publizieren